防雷减灾科普系列

城市防雷避险手册

主编：邱 莹

编委：史雅静　余 蓉　王小飞
　　　贺 姗　冯又华

气象出版社
China Meteorological Press

内容简介

雷电是伴有闪电和雷鸣的一种常见天气现象，具有瞬时高电压、大电流、强电磁辐射等特征，常常会对人、畜、建筑物、仪器设备等造成危害。近年来，伴随着科学技术的脚步，信息时代已经到来。电子信息设备极易遭受雷电的危害，特别是雷电电磁脉冲造成的损害更为严重。国际电工委员会（IEC）将雷电灾害称为"信息时代的公害"。本书通过通俗易懂的语言和图文并茂的方式，介绍了雷电危害及其致灾原理、雷电的基本知识、防雷基本措施、电子信息系统防雷要点、防雷避险常识、雷击现场急救常识、城市常见雷击隐患等内容，可以提高公众对雷电的认识，增强防灾减灾意识。

图书在版编目（CIP）数据

城市防雷避险手册/邱莹主编．－－北京：气象出版社，2022.6（2022.7重印）
（防雷减灾科普系列/余蓉主编）
ISBN 978-7-5029-7724-5

Ⅰ．①城… Ⅱ．①邱… Ⅲ．①城市—防雷—手册
Ⅳ．① P427.32-62

中国版本图书馆 CIP 数据核字 (2022) 第 097030 号

城市防雷避险手册
Chengshi Fanglei Bixian Shouce
邱　莹　主编

出版发行：气象出版社
地　　址：北京市海淀区中关村南大街 46 号　　邮政编码：100081
电　　话：010-68407112（总编室）　　010-68408042（发行部）
网　　址：http://www.qxcbs.com　　E－mail：qxcbs@cma.gov.cn
责任编辑：张锐锐　孔思瑶　　　　　　　　终　　审：吴晓鹏
责任校对：张硕杰　　　　　　　　　　　　责任技编：赵相宁
封面设计：樊润琴
印　　刷：北京地大彩印有限公司
开　　本：710mm×1000mm　1/16　　　　印　　张：1.5
字　　数：30 千字
版　　次：2022 年 6 月第 1 版　　　　　　印　　次：2022 年 7 月第 2 次印刷
定　　价：9.00 元

本书如存在文字不清、漏印以及缺页、倒页、脱页等，请与本社发行部联系调换

前言

  雷电是伴有闪电和雷鸣的一种常见天气现象，具有瞬时高电压、大电流、强电磁辐射等特征，常会对人、畜、农作物、建筑物、仪器设备等造成危害。雷电灾害是最严重的十种自然灾害之一，被称为"电子时代的一大公害"。浙江省临海市杜桥镇、重庆市开县小学、浙江省温州市"7·23"甬温线、辽宁省抚顺市石化石油三厂和湖北省十堰市火车站小商品市场等重大雷灾事故的发生，严重威胁着人们的生命和财产安全。据不完全统计，我国每年因雷击造成的人员伤亡达3000~4000人，财产损失在50亿~100亿元人民币。

  雷电无情，防范有术。东周时期《庄子》对雷电已有初步的认识，后各朝代采用避雷室、蚩尾、雷公柱、塔刹等措施防御雷电。自200多年前富兰克林发明避雷针（接闪杆）以来，建筑和工业设施遭受直接雷击损害的概率大大降低。二十世纪中叶以后，随着社会经济的发展和现代化水平的提高，特别是电子信息技术的快速发展，闪电感应和闪电电涌侵入造成的经济损失及社会影响已越来越大。为进一步普及防雷减灾知识，湖北省防雷中心组织编写了《我是雷电》《农村防雷科普手册》《城市防雷避险手册》系列丛书，面向不同群体介绍雷电基本知识和防雷避险的常见方法，旨在提高受众的自我保护和防范能力，筑牢防雷减灾第一道防线。

丛书编写组
2022 年 4 月

目录
Contents

前言

一、雷电危害……………… 1

二、雷电知识……………… 6

三、城市常见雷击隐患……… 8

四、防雷基本措施………… 10

五、防雷避险常识………… 14

六、雷击现场急救………… 16

七、现代防雷技术………… 17

一、雷电危害

雷电产生的高温、猛烈的冲击波以及强烈的电磁辐射等物理效应，使其在瞬间产生巨大的破坏作用，常常会造成人员伤亡，击毁建筑物、供配电系统、通信设备，引起森林火灾，造成计算机信息系统瘫痪，仓储、炼油厂、油田等燃烧甚至爆炸，危害财产和人身安全。

雷电的危害可大致分为两类：即直击雷的危害和雷击电磁脉冲的危害。

雷灾案例

1989年8月12日，随着一条刺目的闪电撕破长空，青岛市某油库储油罐被雷击中，雷击产生感应火花引爆油气，发生特大火灾爆炸事故，造成19人死亡，100多人受伤，直接经济损失3540万元。

2013年7月，宜昌市某景区发生雷击事故，游客在喷泉池边游玩时，不幸被雷击中，造成2名游客因伤势过重死亡，6名游客受伤。

2015年4月，京珠高速鄂南收费站有雷电发生，导致配电房电涌保护器损坏；4#亭收费系统崩溃，并且ETC不能切换；3台计重设备被雷击，导致货车无称重；收费现场交换机故障，收费现场视频光端机、通信光纤收发器损坏等。

2015年8月，湖北咸宁供电公司遭受雷击，导致35千伏架空电线因雷击断线掉落至下方京广铁路接触网上，发生了4个小时的跳闸停电，造成京广铁路停运4个小时，直接经济损失1万元，间接经济损失无法估量。

直击雷的危害

雷电直接击中人体、建筑物、设备、树木等，对击中的物体造成直接的损坏，如建筑物燃烧、设备融化、人员伤亡等。

热效应

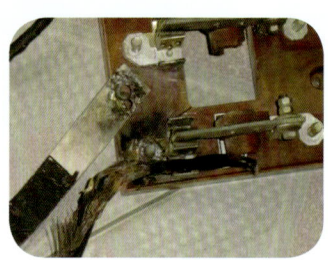

雷击点局部范围内产生的温度高达6000~10000℃，甚至更高。雷电流流过金属时，如果金属的截面积不够或金属间接触不良，可能导致金属熔化，产生火花。如遇到易燃物质，极易引起火灾。

从危害的方式来看，主要是雷击时，雷电流流过导体产生电动力的破坏作用。由电磁学可知，在载流导体周围空间存在磁场，在磁场里的载流导体受到磁力即电动力的作用。若导体有弯曲部分，其弯曲处的夹角越小，受到的电动力就越大，若弯成直角，其成角处的受力最大。

电效应

在防雷设计与施工中，接闪器、引下线等不应采用锐角或直角弯曲，应尽量走直线路径，在必须转弯的情况下，应取钝角圆弧弯曲。

机械效应

（图源：https://www.sogou.com/link?url=hedjjaC291Ok-E9WTygIKi9E_rVjakvlDbEdR1_WczpRZu33u0THG_tlluoDeBmF）

雷电的机械效应所产生的破坏主要有两种形式，一种是被击中的物体瞬间将产生大量热量，导致物体内的水分剧烈汽化，气体膨胀产生巨大的机械力。另一种是雷电通道的温度非常高，其周围的空气受热急剧膨胀并以超声速度向四周扩散，形成冲击波。

⚡ 雷击电磁脉冲的危害

雷电产生的电磁感应、电磁脉冲等会对电子设备、通信线路等产生破坏。城市里各种电子设备密集，其耐过电压、过电流和抗雷电电磁脉冲的能力差，极易遭受雷电的危害，雷电所造成的供电系统停电、电梯机房损坏，都是由雷击电磁脉冲所引起的。

（图源：《防雷装置检测技术》，气象出版社）

静电感应：由于雷云的作用，使附近导体上感应出与雷云符号相反的电荷，雷云主放电时，先导通道中的电荷迅速中和，导体上的感应电荷如没有就近泄入地中，就会产生很高的电位，遇到易燃物品，极易引发火灾。

电磁感应：雷电流的电磁感应会在雷击点周围产生强大的瞬变电磁场，处于这瞬变电磁场之中的导体会感应出较大的电动势，足以破坏附近的电子元器件。

雷电反击：当雷电击中建筑物的防雷装置时，防雷装置各个部位上会产生暂态电位升高的现象，可能对周围的设施设备造成间接放电，形成雷电反击。

⚡ 易遭雷击的地点

山顶、山坡这些离乌云近的地方，尖端电场强度大，容易遭受雷击。

含有大量导电物体（如金属、水）的地方，如挖矿的工地、有大量金属设备的厂房、海边、湖边等，容易遭受雷击。

空旷地上高耸突出的物体或者建筑物。如高耸的广告牌、郊外的大树等，容易遭受雷击。

小贴士

从外形上看,球场就好像一个没有盖子的电容器,而当天空中乌云密布时,这个乌云就起到了盖子的作用,盖子一盖,球场里面就变成了一个巨大的电容器,云层对球场的地面放电是再正常不过的了,所以一旦打雷,就应当暂停在球场和户外活动了。

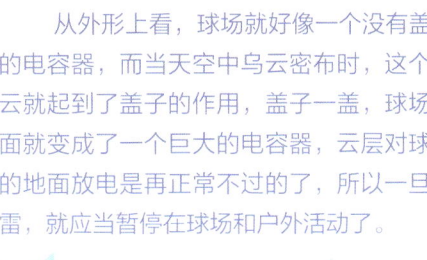

空旷地带,如足球场、网球场、郊外等,容易遭受雷击。

建筑物屋面的突出部位和物体,如烟囱、管道、太阳能热水器、屋脊檐角等,容易遭受雷击。

排出导电尘埃、废弃热气柱的厂房、管道等,容易遭受雷击。

二、雷电知识

雷电是什么：雷电（闪电）是大气中发生的剧烈放电现象，通常在雷雨云（积雨云）情况下出现，雷电按其发生的位置可分为云内闪电、云空闪电、云际闪电和云地闪电，其中云地闪电又称为地闪，对人类活动和生命安全有较大威胁。放电时会产生大量的热量，使周围空气急剧膨胀，造成隆隆雷声。

① 放电时间很短，一般为 **50~100微秒**；
② 冲击电流大，可高达 **几万到几十万安培**。

③ 冲击电压高，强大的电流产生的交变磁场，**感应电压可高达数万伏**；
④ 释放热能大，瞬间能使局部空气温度**升高至数千摄氏度以上**。

雷电分布：

在中国，雷暴活动主要分布在东南及华南，其次是高原及其邻近地区，西北地区属于雷暴最低值区。

海口、南宁、广州、拉萨、昆明……你所在的地方，属于"招"雷的城市吗？

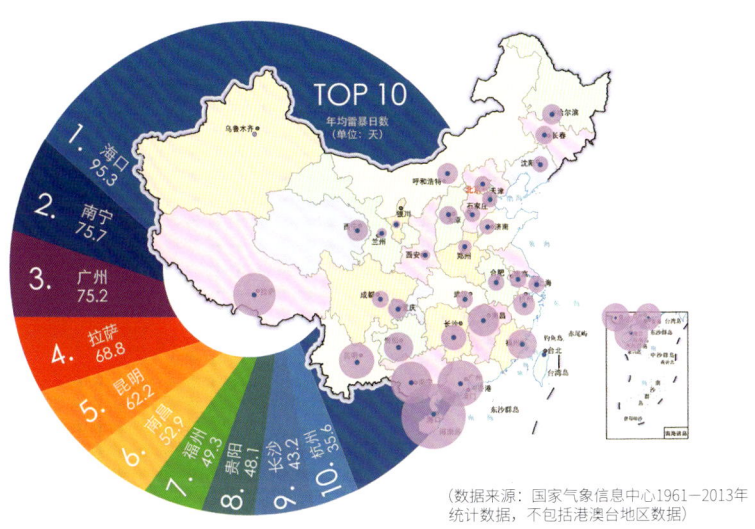

（数据来源：国家气象信息中心1961—2013年统计数据，不包括港澳台地区数据）

全国范围来讲，夏季（6—8月）是雷电高发期，春季（3—5月）次之，然后是秋季（9—11月），冬季（12至次年2月）则最弱。

6—8月雷电高发期！

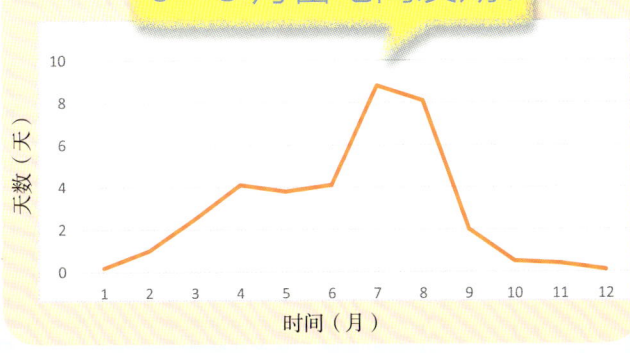

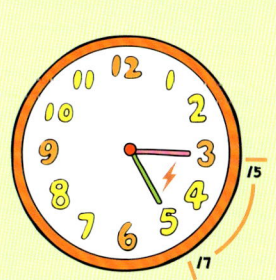

一天中13—21时是雷电出现的集中时段，其中15—17时最突出。

7

三、城市常见雷击隐患

!!隐患

!!隐患

未设置接闪装置,或接闪装置有断开、锈蚀、支架脱落等现象;接闪装置上面附着入户的网线、电话线等金属线缆。

✓正确做法

接闪器通过引下线和接地装置与大地相连,把雷电流泄放到大地,保护建筑物。要对建筑物做好定期检测,并加强日常管理和维护。

!!隐患

!!隐患

屋顶架设的空调外机、太阳能热水器等,直击雷防护措施不完善。

✓正确做法

空调外机、太阳能热水器等物件应处于接闪器的保护范围之内,外壳和金属支架应做好等电位连接,管线应采用钢管,起到屏蔽和分流的作用。

!! 隐患

建筑物内的电子设备机房、电源系统、通信系统等未设置匹配有效的电涌保护装置，很容易因雷击造成损坏。

✓ 正确做法

建筑物内的电子设备机房、电源系统、通信系统等，应做好相应的等电位连接，设备应有良好的接地和合理的布线系统，供电线路、电源线、信号线在引入户内时应做好屏蔽和接地，还应安装电源电涌保护器和信号电涌保护器。

!! 隐患

高层建筑物的金属门窗、栏杆没有接地，雷电侧击的防护措施存在安全隐患。

✓ 正确做法

高层建筑物超过一定高度的外墙上的栏杆、门窗等较大金属物应与防雷装置连接，垂直敷设的金属管道及金属物的顶端和底端应与防雷装置连接。

（图为防雷技术人员对高层建筑物楼顶金属天线进行防雷安全检测）

四、防雷基本措施

我们的祖先在2000多年前就对雷电作出了解释，并在技术上得到了应用。在古建筑物中，主要使用"雷公柱""塔刹""蚩尾"等作为避雷装置。

小贴士

蚩尾表面涂有一层金属涂料，而且在它里面还有一根金属条与地下相通，当雷电接触到房屋的时候，金属涂料就把雷引到蚩尾上，再通过金属条把雷电的能量和电流引到了地下，达到了避雷的效果。

雷电虽然可怕，但随着科技的不断进步，现在已经有了一套行之有效的防护办法，即现代防雷系统。现代防雷系统包括接闪、分流、接地、屏蔽、合理布线、等电位连接和过电压保护等基本措施，这些措施应当综合设计和使用，单采取其中的一项或某几项技术，都是不完善的。

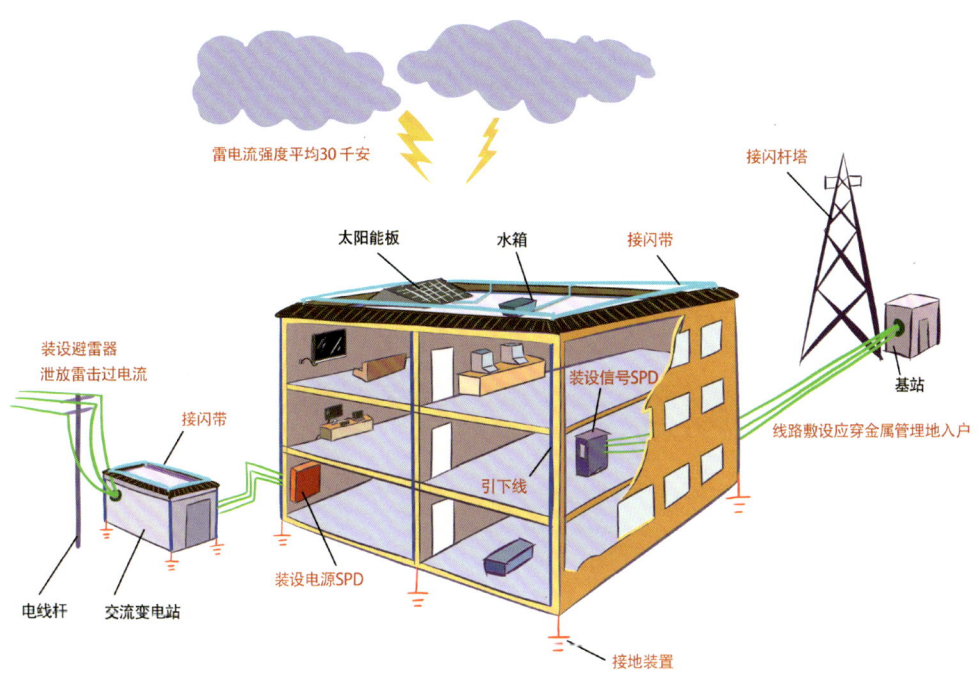

对于直击雷防护，需要一套完整的防雷装置，包括接闪器、引下线和接地装置。其中，用于拦截闪电的接闪杆、接闪带、接闪线及金属屋面、金属构件等都属于接闪器，它们利用其高出被保护物的突出地位，把雷电引向自身，然后通过引下线、接地装置把雷电流泻入大地，从而对建筑物起到保护作用。

电子信息系统防雷要点

随着信息处理技术的广泛应用,大量电子设备进入各种建筑物内,建筑物之间的信息交换与传递也日趋增强,雷击电磁脉冲的危害性越来越严重,因此,信息系统的雷电防护也越来越重要。

从防雷安全的角度考虑,信息系统的机房应该如何选址呢?

由于雷击电磁脉冲在空间传播是逐渐衰减的,尤其是碰到金属网络体或金属平面物后,会有明显的衰减。所以,从防雷安全的角度考虑,信息系统机房应避免选在大楼的顶部或边角位置,对于多层或高层建筑物,机房宜选在二、三层有专门金属屏蔽网的房屋内。

1

屏蔽，是阻止雷电电磁感应的有效手段之一。将建筑物墙体中的钢筋以及金属门窗等，通通连起来，形成"笼"状，当达到一定密度时就形成俗称的"法拉第笼"结构，可以将雷电电磁场挡在"笼"之外。但是，建筑物有各种线缆和管线与外界相连，会将危险的"过电压"引入到建筑物内，所以引入室内的电源线、电话线、信号线等均应屏蔽接地引入。

2

在入户的各种线缆上、总电源、机房配电柜和各种设备的前端应加装相应的电涌保护器，可以防御雷电波入侵，电涌保护器可以在极短的时间内作出反应，将雷电流送入大地，从而不影响设备的正常工作。

3

防御雷电反击最有效的方法之一就是做等电位连接：将设备、组件和元器件的金属外壳或构架在电气上连接在一起，形成一个电气连续的整体，这样就可以避免在不同金属外壳或构架之间出现电位差，而这种电位差往往就是产生雷电反击的原因。

五、防雷避险常识

当雷雨天气来临时,应迅速躲进有防雷装置的建筑物内,尽量避免户外活动。

在室内时
①紧闭门窗;
②尽量远离金属门窗、幕墙、有电源插座的地方;
③不要靠近更不要触摸任何金属管线,包括水管、暖气管、煤气管等。

汽车属于一个金属壳体,相当于一个屏蔽室,即使雷打到汽车上,电流也会沿着汽车的壳体释放到地面,所以雷雨天气待在汽车内相对安全。

当出行在路上时
①不要驾驶摩托车和骑自行车赶路;
②待在汽车内相对安全。

想一想

雷雨天气可以使用手机吗？

雷雨天气，要不要关掉家用电器，并拔掉电源？

雷雨天气，可以使用太阳能热水器洗澡吗？

在公园、广场等空旷地带时

①应寻找低洼处蹲下并双脚并拢，远离树木、电线杆、烟囱等高耸、孤立的物体；

②不要在大树、广告牌、各类铁塔底下避雨；

③应立即停止室外游泳、钓鱼、划船等活动，不要在水域附近游玩。

六、雷击现场急救

雷击对人体可造成巨大的伤害，强大的雷电流可以使受害者出现血管痉挛、心搏停止，严重时会使心脏供血功能发生障碍或心脏停止跳动；当雷电流伤害大脑神经中枢时，会使受害者停止呼吸。

当受害者被雷击中后，人们往往会觉得他身上还有电，不敢抢救而延误了救援时间，其实这种观念是错误的。无论何时何地发生雷电事故，只要按科学的方法分秒必争地进行抢救，都能最大程度地减少伤亡。当出现了因雷击昏倒而"假死"的状态时，可以采取如下的救护方法：

人工呼吸 ⇌ 心脏按压

30 次胸外按压 +2 次人工呼吸

如果遭受雷击者衣服着火，可往身上泼水或者用厚外衣、毯子等将身体裹住以扑灭火焰。着火者切勿惊慌奔跑，可以在地上翻滚以扑灭火焰，或趴在有水的洼地处熄灭火焰。

七、现代防雷技术

雷电监测

通过闪电的地基探测和空间探测，可以得到一次雷暴过程中某一区域的闪电极性和闪电强度，进一步统计出该区域的闪电次数和闪电密度，可以为城市雷电防护提供具体的数据参考。

雷电预警

目前，我国已经建立了利用地闪定位、SAFIR干涉仪、雷达、卫星、地面电场仪等仪器观测到的观测资料、利用天气形势预报产品以及雷暴云起电、放电模式进行临近预警的综合方法，研制开发了雷电临近预警系统及其预警效果评估系统。

雷电预警信号：

雷电预警信号分为三级，分别以黄色、橙色、红色表示。

雷电黄色预警信号

6小时内可能发生雷电活动，可能会造成雷电灾害事故。

雷电橙色预警信号

2小时内发生雷电活动的可能性很大，或者已经受雷电活动影响，且可能持续，出现雷电灾害事故的可能性比较大。

雷电红色预警信号

2小时内发生雷电活动的可能性非常大，或者已经有强烈的雷电活动发生，且可能持续，出现雷电灾害事故的可能性非常大。

人工引雷

人工引雷试验：人工引雷是从20世纪60年代开始发展的一种专门技术。主要是通过在雷雨天气的时候，向雷暴云体发射专用的引雷火箭，使雷电在预定的时间和预定的地点发生。我国20世纪80年代在老一代科学家的带领下，开始进行人工引雷试验，1989年中国科学院兰州高原大气物理研究所首次人工引雷成功，使我国成为继美国、日本之后世界上第三个引雷成功的国家。

人工引雷的作用：人工引雷不但可以用于雷电物理研究，还能对雷电防护装置的性能进行综合试验和评估。对雷电防护设备的检测，过去只能在高压实验室内进行，而人工引雷提供了最接近真实自然雷电模拟源，可对防雷设备机理及效果进行检验，结果更为可靠。

（图源：中国气象局雷电野外科学试验基地）

想一想

引下来的雷电可以被存储应用吗？

（视频由中国气象局雷电野外科学试验基地提供。）

投入使用后的建筑物防雷装置应做好定期检测和日常维护工作,防雷装置每年检测一次,其中爆炸和火灾危险环境场所的防雷装置应每半年检测一次,对存在的隐患及时整改,确保防雷装置安全有效。

防雷装置检测

通过开展雷电风险普查,摸清不同区域内雷电活动情况、历史雷灾情况、人口及社会经济情况等雷电灾害风险隐患底数,全面客观认识雷电灾害风险水平,为地方政府及各部门有效开展雷电灾害防御工作提供科学决策依据。

雷电风险普查

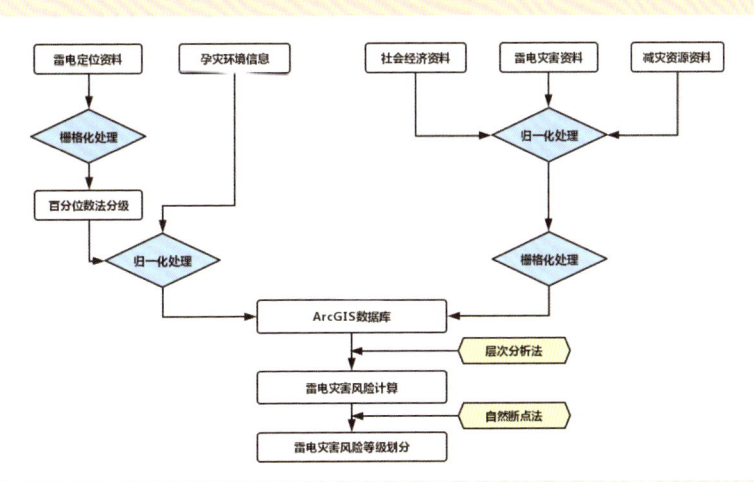

雷电灾害风险评估流程图

想一想答案

◆ 雷雨天气可以使用手机吗？

答：从已有的研究结果来看，没有明显证据证明，在雷雨天气使用手机可以引发雷击，尤其在城市中这种可能性是非常小的。手机和移动通信基站之间会有一种电磁波通信，能量非常小，它不会创造一个导电的通道，一般不足以引发雷击。但打雷瞬间会产生强大的电磁场，容易诱发手机暂时无信号和烧机等事故，所以在室外遇到雷雨最好不要使用手机。

◆ 雷雨天气，要不要关掉家用电器，并拔掉电源？

答：在防护措施不完善的建筑物内，在雷雨天气的时候不要使用电气设备，雷雨来临之前，最好能够拔掉电气设备的电源插头，断开网线等信号线缆能够有效地保护这些电气设备免遭雷击。

◆ 雷雨天气，可以使用太阳能热水器洗澡吗？

答：安装在楼顶的太阳能热水器，虽然节能、方便，但如果安装不得当，就会变成引雷"杀手"。太阳能热水器的金属外壳安装在楼顶，容易被雷电击中，因此市民安装太阳能热水器时，务必保证其处在楼顶接闪器的保护范围之内，并且其金属外壳必须接地，这样能减少雷击损害的可能性。但仍建议市民，在雷暴天气里，最好不要使用太阳能热水器，避免洗澡时被水中传导的电流击中。

◆ 引下来的雷电可以被存储应用吗？

答：雷电给人的感觉能量超强，但其实一次雷电所释放的能量并没有想象中大。一次典型的地闪释放的能量也就够5个100瓦的灯泡亮1个月左右。但由于雷电的瞬时性，其能量是在非常短的时间内释放的，所以雷电的瞬时功率非常强。而且，雷电发生的时间和地点存在很大的随机性，在一个固定地点发生的雷击很有限，目前雷电能量的收集也缺乏相应的手段，所以还难以有效存储和利用闪电的能量。